TURTLE

© 2023
@momandluna.blog

OCTOPUS

GIANT CLAM

STARFISH

SEA HORSE

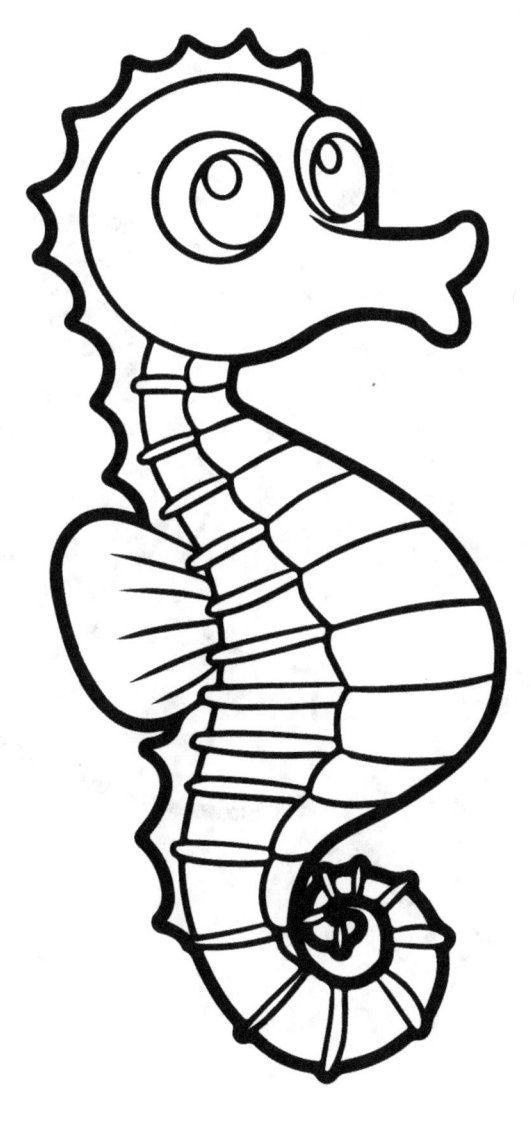

SHARK

CRAB

DORY FISH

SHRIMP

narwhal

eel

octopus

seahorse

starfish

manatee

squid

puffer fish

shark

orca

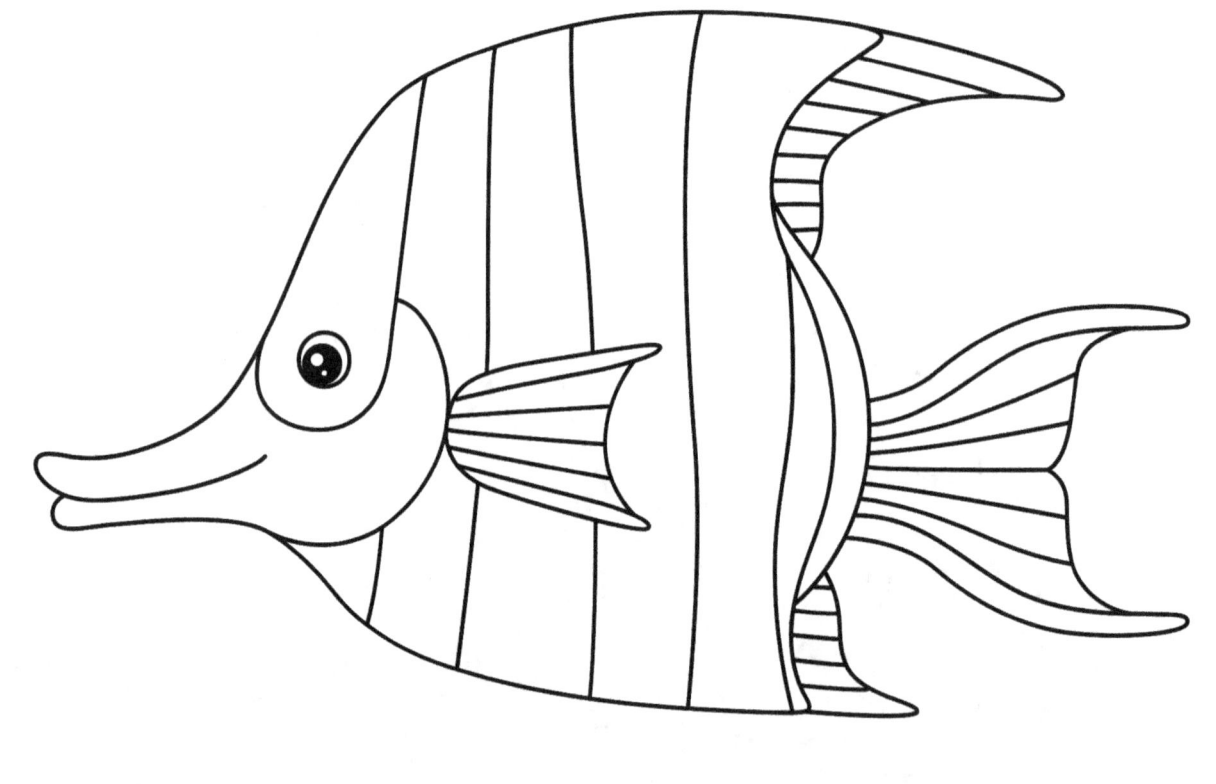

lobster

crab

manta ray

swordfish

whale

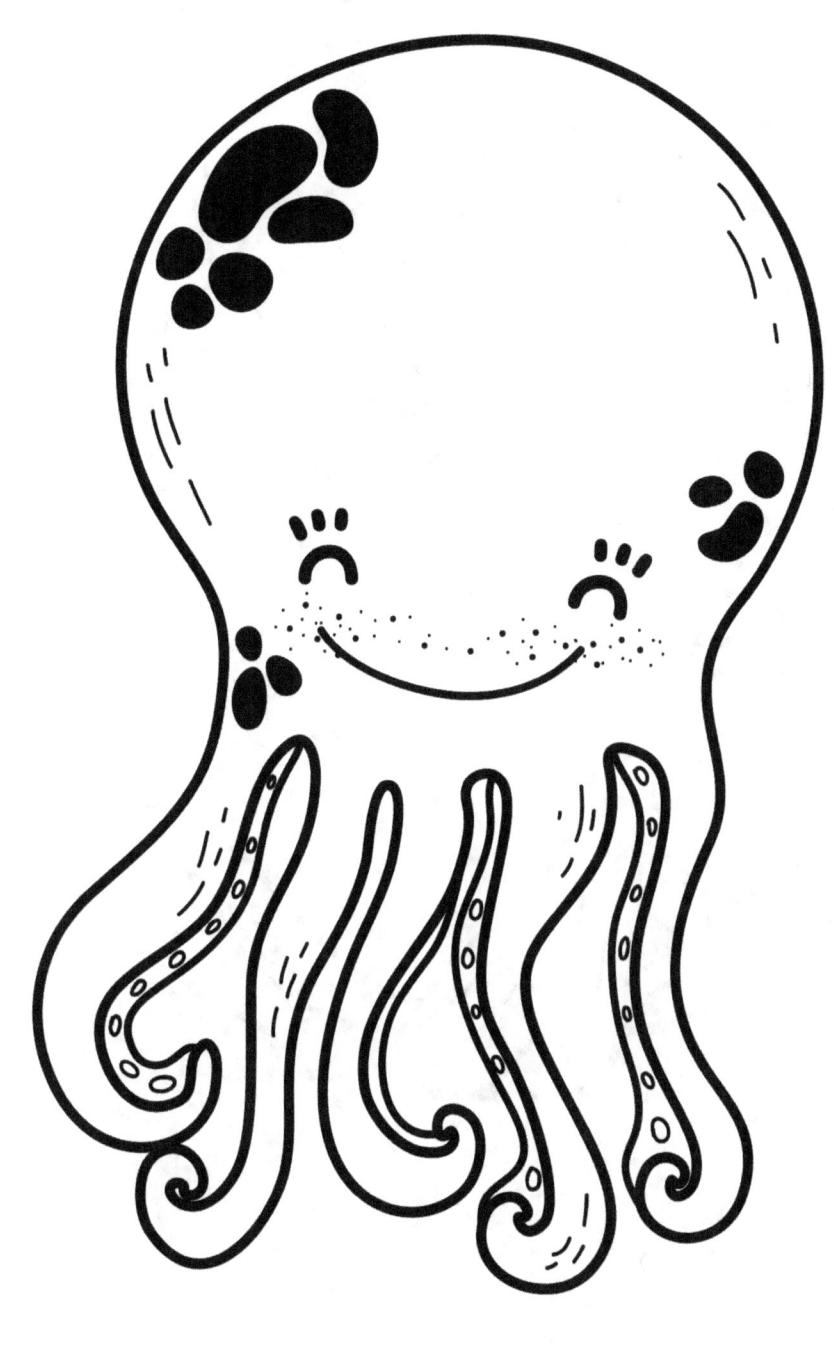

octopus

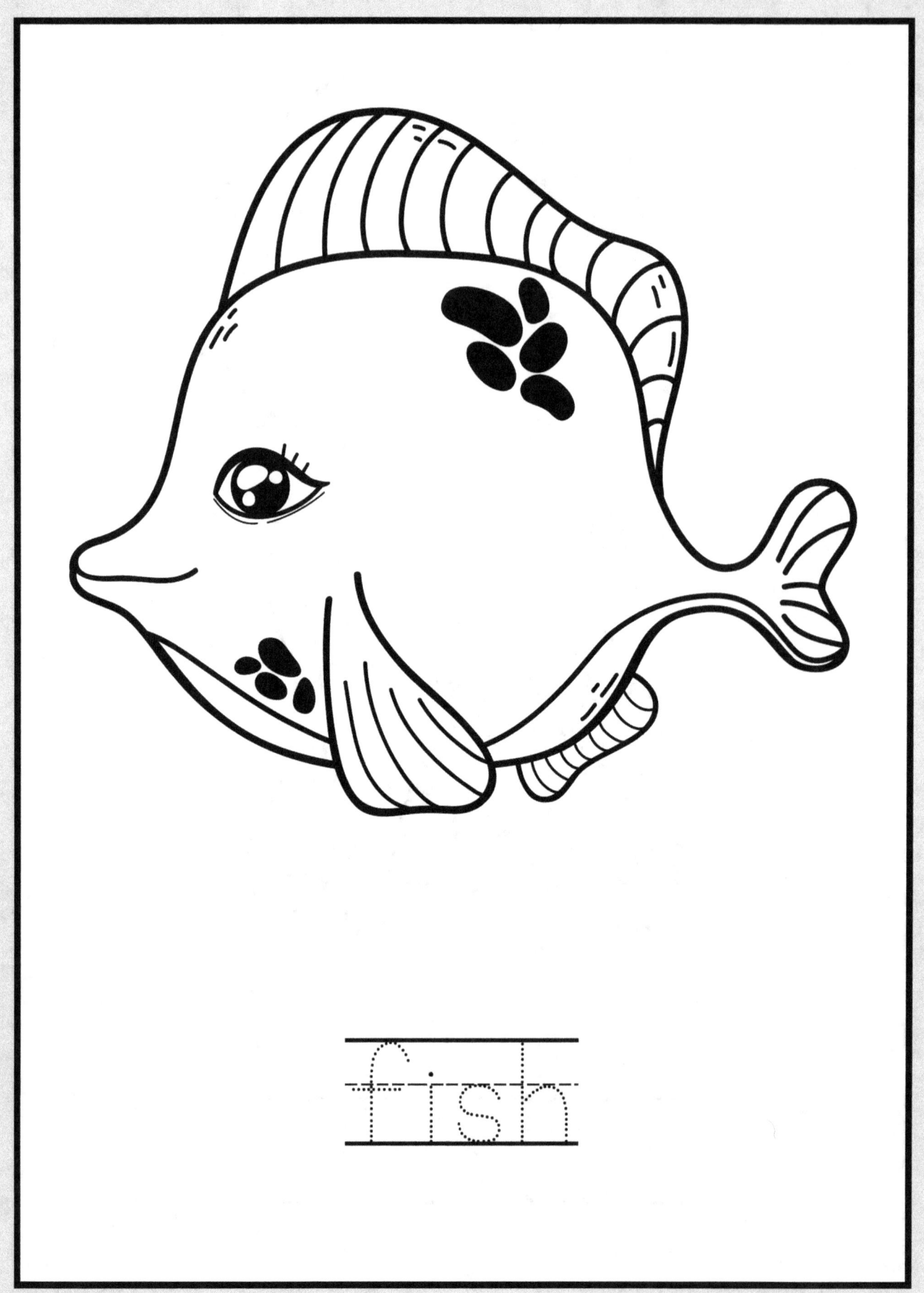

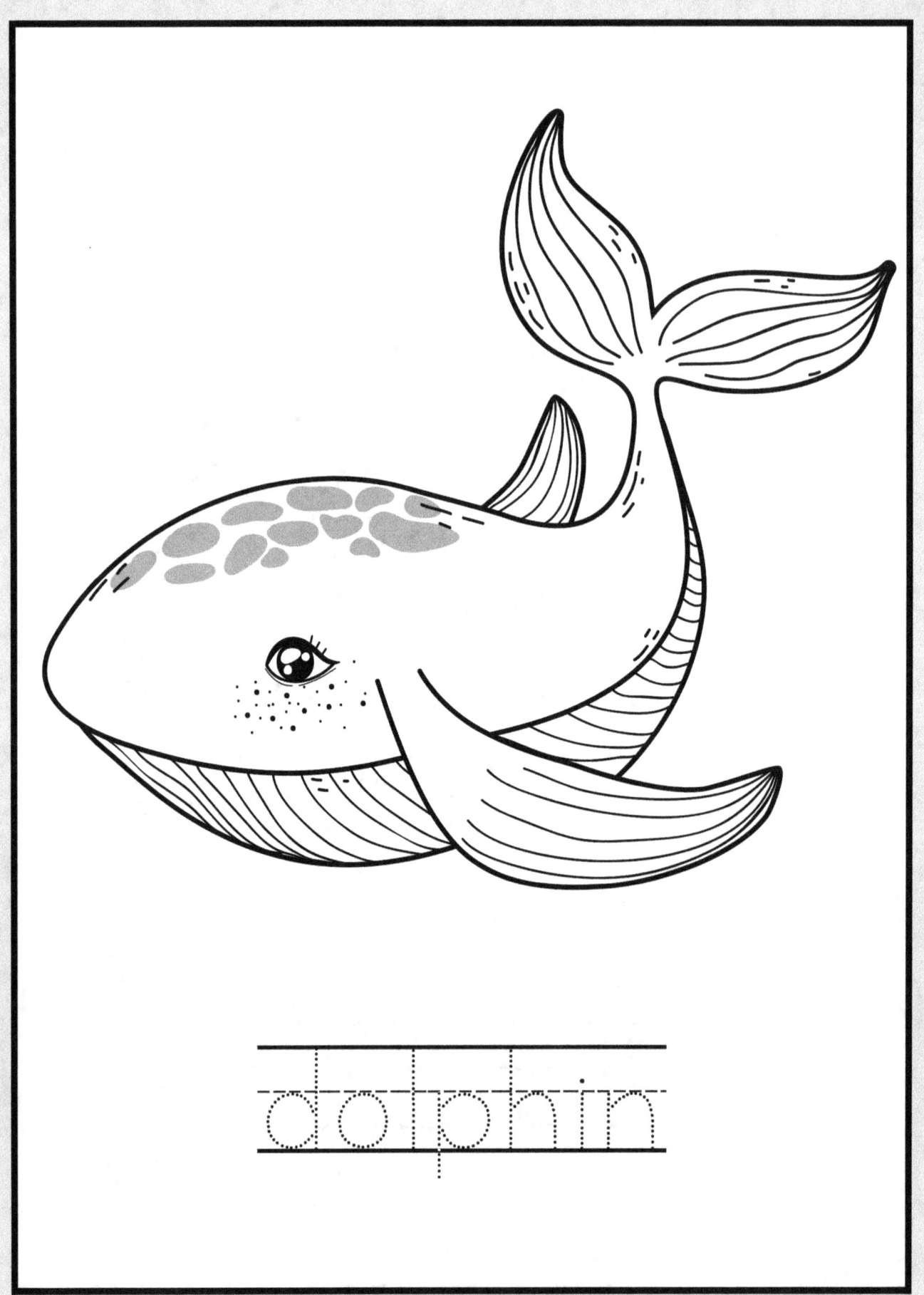

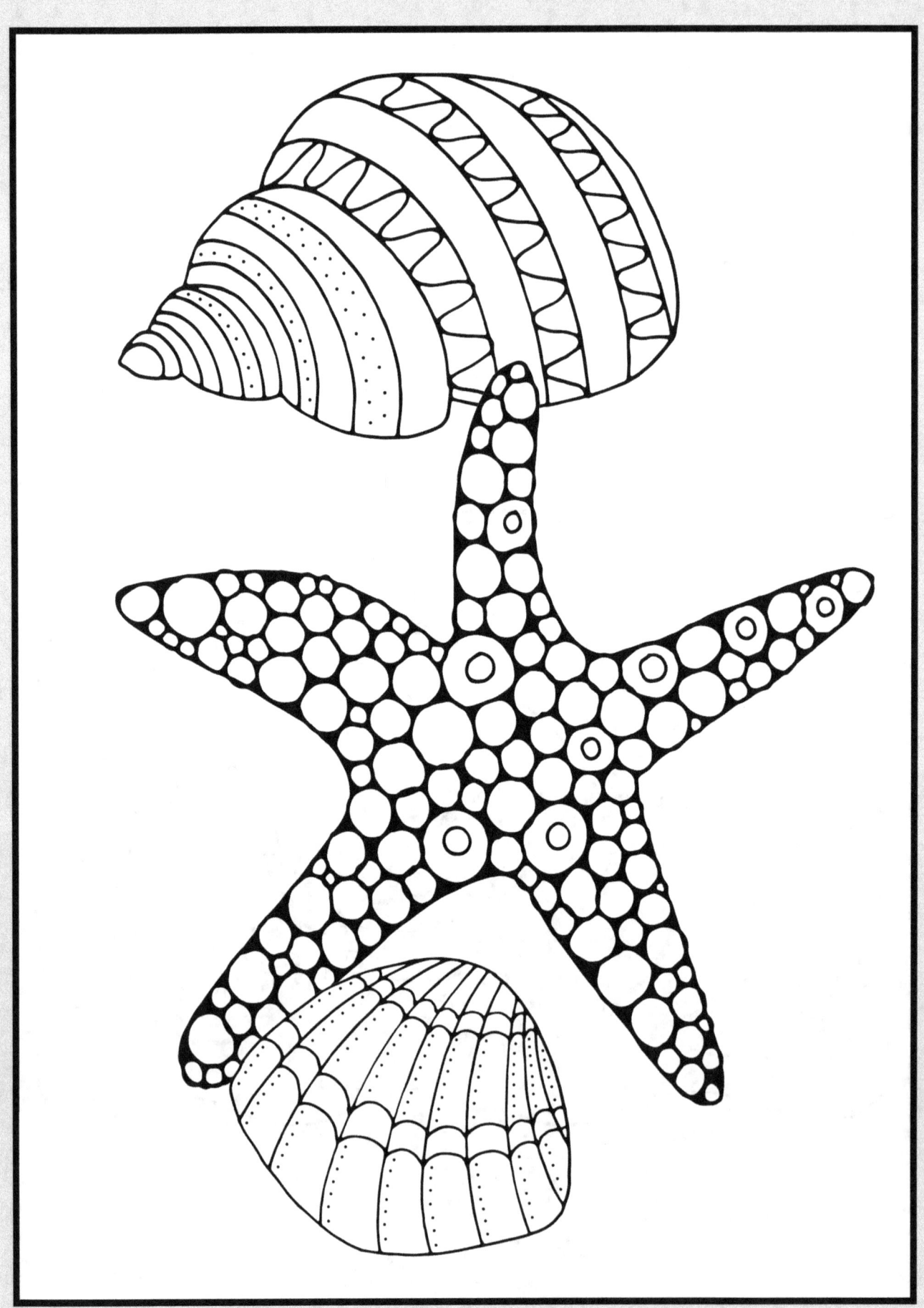

www.ingramcontent.com/pod-product-compliance
Lightning Source LLC
Chambersburg PA
CBHW081059240526
45465CB00025B/2760